THE FAMOUS DESIGN

亚太名家别墅室内设计典藏系列之一 一册在手，跟定百位顶尖设计师
不 可 不 看 的 别 墅 风 格 大 全

中 式 风 韵

北京大国匠造文化有限公司·编

中国林业出版社
China Forestry Publishing House

图书在版编目（ＣＩＰ）数据

亚太名家别墅室内设计典藏系列. 中式风韵 / 北京大国匠造文化有限公司编. -- 北京 : 中国林业出版社,2018.12

ISBN 978-7-5038-9852-5

Ⅰ.①亚… Ⅱ.①北… Ⅲ.①别墅－室内装饰设计 Ⅳ.①TU241.1

中国版本图书馆CIP数据核字(2018)第265865号

责任编辑：纪　亮　樊　菲
文字编辑：尚涵予
特约文字编辑：董思婷

出版：中国林业出版社（100009 北京西城区德内大街刘海胡同7号）
网站：http://lycb.forestry.gov.cn
E-mail：cfphz@public.bta.net.cn
印刷：北京利丰雅高长城印刷有限公司
发行：中国林业出版社
电话：（010）8314 3518
版次：2018年12月第1版
印次：2018年12月第1次
开本：1/12
印张：13.5
字数：100 千字
定价：80.00 元

| 亚 太 名 家 别 墅 室 内 设 计 典 藏 系 列 之 一 | 目 录 |

| 中式风韵 | 都市简约 | 原木生活 | 欧美格调 | 异域风情 | 自由混搭 |

碧桂园钻石墅

Biguiyuan Villa

主案设计：陈文才
项目面积：450平方米

- 简素之美、纯净之色体现了返璞归真的自然形态。
- 东方的"静"与"净"相结合。
- 每一个边框处以金属线条收边，配合着整体空间效果形成了气与线、书与形、人与景的完整画面。

客户的需求就是我们设计思考的方向,不但要满足家庭中每一位成员对空间的需求,更重要的一点是营造好家庭成员相互交流和建立情感联系的场所空间。

在一个恬静、沉稳、放松的环境里,老人要求的生活细节考虑细致周到,小孩子喜爱的空间色彩明亮有趣,业主的爱好充分实现,整个空间尺度合适,有开,有合,有连接。人是空间里的主体,舒适松弛的生活气息在这个空间里孕育滋长。

通过石材、丝布、金属、木料巧妙的结合,加以山、水、植物、壁画的点缀,营造出一种恬静淡雅的生活氛围。

山水湖畔度假别墅

Lake House

主案设计：徐义祺
项目面积：350平方米

- 碧空皓月，一帘白帏霜，青石上泉，几杯红叶染！
- 与"非淡泊无以明志，非宁静无以致远"的情操相契合。
- 竹作为一种设计语言，有着非常重要的意义，清雅淡泊，是为谦谦君子。

　　别墅分为地下一层，地上三层，业主从事红酒事业，此别墅除度假休闲功能外，兼顾轻度会所功能，比如举办一些私人红酒主题酒会。地下层为娱乐活动层，一层为商务会客、餐饮，二楼、三楼为居住层，动静分离，卧室床头的马头墙来源于粉墙黛瓦的演变，删繁就简，符合现代人的简洁观念。马头墙和木质格栅顶结合犹如自然天成。天边树若荠，江畔洲如月。床头一幅明月枝头道尽主人淡泊明志的心境。

　　隐去传统中式繁复沉重的设计表现，用减法来表达东方元素。简洁的栏栅屏风，由竹的形态延伸而至，减去具象的形态，点到即止。客厅与餐厅高低错落，既明确了空间界限，也体现东方意境疏浅高低的空间布局。人物动线清晰简单，无多余的拐弯抹角，围绕简居简行的中心，是现代人居环境一种新的尝试。

江湾御景1801
Riverside Villa 1801

主案设计：张清华
项目面积：560平方米

■ 维其意，行致野。
■ 要求环境要有禅意，以喝茶接待为主兼顾办公。
■ 在视觉所到之处，材料、家具、摆件尽可能的尊崇自然，敬茶除尘。

　　本案设计整体定位为"禅茶一味"的设计理念，紧紧围绕禅宗茶道:和、敬、清、寂的思路。和——各区域尽可能的见山、见水、见天，达到天人合一。敬——在视觉所到之处，材料、家具、摆件尽可能的尊崇自然，敬茶除尘。清——放弃装饰符号，把外景引入室内，寄情于山水，让心感受到宽广，让生命感到洁然清雅，清静养心。寂——空间各自寂静独立且相互灵活惯通，采用移步换景的园林手法穿插室内景观。

　　在原始空中别墅结构上隔入四合院的设计理念，采用别具一格的"空间向上升"的布局，将各区域联系起来，创造性尝试高层现代合院城市别墅新思路。

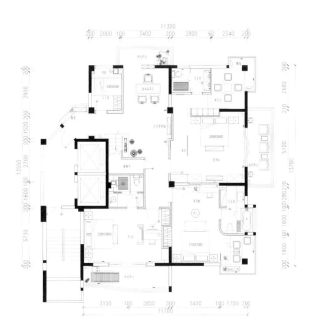

一层平面图

名人府
Mansion

主案设计：陈成
项目面积：240平方米

■ 中式的雅致和现代的舒适完美结合，在生活中品味深远。
■ 红木窗棂在挑高背景墙上显得沉稳。
■ 木质家具，亲切自然。

　　庆万家、珠帘半卷，绰约歌裙舞袖。传统工艺制作的原木漆画屏风将客厅区做了软隔断，进入区域时的开阔和入座后的私密，兼而有之。厨房做了中西分离的开放式设计，厨房与休闲茶座比邻而置；竹帘慢放，就是个静谧空间。设计师对茶室的用心见解独到，不需名贵茶具，只需斗室与心。窗外即是四季风景，杯中就有千滋百味，真正的茶味在于寂静的心。

　　三种中式卧室一一展现。主卧，风格的最大化，窗棂、宫灯，在光源的配搭下，展现优雅大家风范。儿童房，蓝色系下的点睛之笔，满屋都被亮丽的蓝色占领。老人房，端庄丰华的东方境界，泼墨勾勒的画卷静置于窗前，与景融于一处。

一层平面图

二层平面图

本来生活
Original Life

主案设计：程晖 / 设计公司：唯木空间设计
项目面积：140平方米

- 将中国京韵和北欧自然风进行融合。
- 人工打磨的实木梯子和实木台面，给空间带来温暖。
- 纯白色调，营造完美的纯净家居世界。
- 用几何造型的墙进行"隔断"。

见宅如人，抛开一切华而不实的装饰，保留建筑最本真的空间属性，成就"本来生活"。

改造后的房子由原来的两室两厅直接变成一个超大的大开间，打破空间的隔阂，每个功能区都仿佛沐浴在阳光下。四白落地的墙面、自流平的地面，看似简单的材质却在空间营造中渗透着设计师的心思。虽然空间结构被全部打开，但并不意味着空间是一个完全开放的概念。

露与藏在这个设计里有着微妙又有趣的关联，功能区之间没有绝对的间隔，只用瓦片、竹子、轻体墙等巧妙充当区域标志。卧室的床紧邻着浴缸，躺在床上一转头就能看见客厅的沙发和灯光。空间里一切都是极简的，除了必需的生活配置和家居用品，没有一样是多余的。

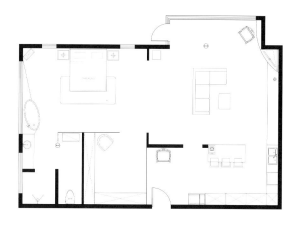

一层平面图

二层平面图

自然中式
Nature

主案设计：董然
项目面积：158平方米

■ 自然简约元素协调统一。
■ 室内外空间和园林景观的互动与对话。
■ 天然材料铺陈出舒适安逸的生活情趣。

喜欢幽静闲适的情调，想要摒弃都市的喧闹，回归生活。

本案整个空间里可以很明显感受到东方文化气息，但又显得不那么沉闷，设计师把中式简洁和稳重表露无遗。

同时，运用原木、植物、田园景观，把自然的景观带回家。采用自然简约的装饰材料，环保又不失清新。

赋·采
Mansion

主案设计：杨焕生
项目面积：331平方米

■ 结合创作艺术与精致工艺，把色彩巧妙融入生活中。

■ 大面积落地窗，丰富采光，通风对流。

■ 由视角延续的开阔，公共空间彼此交迭，引导渐进式空间层次律动。

　　本案从玄关、客餐厅至厨房，是一个长方形的建筑空间，也是完全开放的尺度，要让人不存疑这些各自独立的空间要如何并存在同一个当下，而起融合作用的，是将14幅连续且极具韵律感的晕染画作。镶嵌于垂直面域上，落实视角的想象，改变检视艺术的视角角度，实践内心期望的生活方式，一开一阖之间创造出静态韵律与动态界面屏风，让连续性的延伸感蔓延全室，用弧形线条，如卷纸轴般的轻巧挂于天花板上，饱满及圆润并攀延至墙面及柱体，使每一面视野都有自己的诗篇在流露，创造优雅又舒适又美好生活。大面L型的落地窗环绕，拥抱了眺望城市的最佳视野，想把这样无尽无边的辽阔感延伸至室内来，但却要去除那份属于都市中，或繁忙或冷漠的，让去芜存菁的空间能响应居住者的初衷与内涵，拥有属于家的放松与温度。

　　此复式样板房拥有多个露台、悠闲区，以现代中式为展示主题，结合休闲、娱乐，使业主能够充分享受该户型附近的优美生态环境，从而达到理想的展示效果。

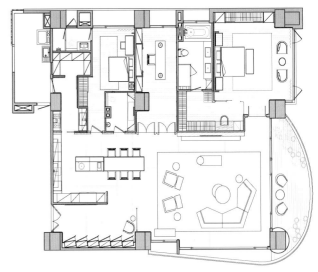

平面图

诺丁山住宅
Notting Hill

主案设计：谢辉
项目面积：220平方米

- 球形的壁灯，整洁的坐垫椅配上两个三角圆桌。
- 小空间宽敞大气，不浮夸。
- 桌上仿佛两朵白云悬挂顶端的吊灯，使用餐氛围悠闲浪漫。

    业主是一位精致、时尚同时又喜欢摆弄旧物的女子，所以设计师选择了沉稳淡雅的黑白搭配。

    本案是经典的黑与白的对映。座椅、餐桌等各种家具选择了黑色，简单实用，层次分明。客厅的墙壁没有做过多的修饰，粉刷为白色。在功能布置上，设计师把原空间改造后得到了一个相对开阔大气的连贯空间，保证每个区域都尊重生活的需要，每个区域又是空间的演员，各自演绎，共同表达主人的爱好与气质符号。

    房间并没有使用过强的光线，卧室、书房都只采用了一个简单的主光源，灯罩以流苏装饰，既华丽又古典，丝毫不浮夸。设计师巧妙地运用了翡翠豆荚作为餐厅的装饰，五颗豆荚象征着五福临门。散落在空间中的各式小摆件、小收藏充满了主人的个人气息，细腻而含蓄，这是设计上以人为本理念的体现。深色实木地板，让空间稳重怀旧。椅子是皮质坐垫加木质脚柱，还在休闲区的座椅下、卧室床边铺上羊毛毯，这就保证业主在神经放松时的人身保护，体现了设计师的人文关怀。卧室家具甚少，只是庄严地肃立着一个蝴蝶刻纹书柜，旁边是岿然不动的云纹扶椅，床头为四壁花鸟图，少而精致，这符合业主的追求，简单经典。

平面图

疏影
Shadows

主案设计：李康
项目面积：138平方米

■ 大量运用天然木皮板，大理石与木质的完美结合。
■ 现代简约手法搭配现代中式元素家具、饰品，呈现
大方的新中式作品

　　业主喜欢简约的现代新中式设计，因此在设计中去除了传统中式的元素，线条简单、没有复杂背景、没有花哨的顶面空间，甚至连所有的顶灯都全部省去，全部以点光源代替，没有任何多余的装饰，不同材质搭配融合，结合业主的喜好搭配颜色、软装，一切都是刚刚好。

　　本案在原有户型上进行了较多改动，增加了进户门厅鞋柜的功能，同时将原餐厅、厨房和北露台区域重新规划调整，使空间功能布局更合理。通过对局部墙体的改造完善了两个相邻卫生间的功能调整，使业主的使用需求得到满足。同样通过对墙体的局部改造，在不减少卧室面积的情况下，使原本比较局促的北卧室也能放进满足业主使用需求的书柜。

平面图

澄净
Clean & Clear

主案设计：张鹏峰
项目面积：140平方米

■ 精致、洁净的佛头雕像让人眼前一亮、印象深刻。
■ 选用橡市饰面板做主材，搭配原市地板。
■ 没有突兀的色彩，简约、自然、大方。

本案突显了寂静空灵的禅意空间，它让人感受到了一次美的洗礼——空明、澄净、洗心。设计师将禅宗的简素与自然，孤傲与幽玄，脱俗与寂静的美学特性表现出来。

客厅、餐厅、开放式厨房连成一片，显得开阔敞亮，空间放弃了多余的修饰，简洁利落的实木线条彰显主人素雅沉静，不需理会世间潮流时尚的纷纷扰扰。藏身在客厅之后的，是一间开阔的书房，占满一整面墙的落地书柜，可以把主人的至爱收藏整齐罗列，理性的线条装饰与客厅的调性一脉相承，连摆放的书本都是一个系列风格，不显摆不张扬，只按自己的喜好掌握空间的节奏。禅，是东方传统文化的精髓，讲究直心是道场，平常心便是道。本案将设计与生活相融，展示了禅意。

平面图

维科上院

The Upper House

主案设计：王杰
项目面积：200平方米

■ 空间纵深感强，整体温馨素雅。

■ 家具与整体风格搭配，相得益彰。

■ 自然的色彩，精致的细节衬托出完美的空间层次感。

本案使用建筑结构穿插法，把一些原本阴暗的过道，充分使用线性分割，柔和色彩对比，把一个宁静、素雅、充满东方韵味的室内空间，彻底地呈现出来。

业主是一位在日本工作了26年的企业家，对细节十分的苛刻，设计师把原本一些阻碍光线的实体墙敲掉，利用建筑穿插手法，做了一个电视台的延伸，加上5个直线吊灯，形成一个自然面，让光线充分进入过道。整体设计回归东方，充满静谧之美。

一见钟情
Inner Feelings

主案设计：杨凯
项目面积：150平方米

■ 运用高度差来达到视觉上的灵动。
■ 定制鸡翅市拼花地板,从纹理上丰富空间。
■ 定制青花砖片亮化整个空间的现代中式氛围。

　　当代新中式设计已经摆脱单一固有的元素构成，反之形成了中西及现代风格在空间中碰撞的多元素设计流派。

　　本案在创作时运用了现代横平竖直的空间设计手法，利用现代中式门楼规划了入口处玄关及过道与客厅分区的功能，体现了中式风格的曲径通幽的设计要素。青花瓷仿古砖的运用也提升了整体居室空间的品味。

　　中式旧家具与后现代奢华风格的皮沙发和不锈钢马毛的交椅在空间中的对话，顿然使整个设计更加富有特点。背景墙以一幅徐悲鸿的马来作为整个空间的点睛之笔，让更加有艺术品味的气息充斥在整个空间中，从而达到宜居宜赏的设计效果。

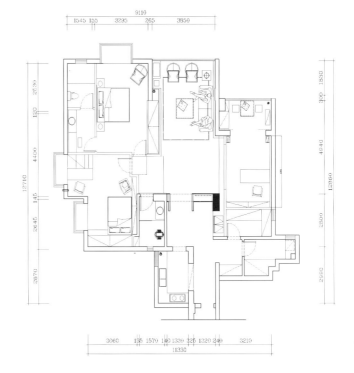

平面图

朴致居
Simplicity

主案设计：张祥镐
项目面积：350平方米

■ 运用布面、皮面、石材、镜面等材质，呈现主题，
打造精致、优雅的居住场所。
■ 装饰线条贯穿始终，应用极致空间，将功能发挥到
极致。

一个设计师对于任何一个作品，都必须要有自己的独到见解，本案中，设计师把台北市都会的精致精神带进了这个居住场域，而整体配色，绝对是为此业主重新量身定作，这就是空间设计师必须要有的都市面的个人独到见解及观点。

空间布局上，将所有过道用展示性的平面手法呈现，包含沙发后方的精品柜体，以及入口玄关用爱玛仕的皮面收边。主卧与书房，用了精准对位的空间布局，让不同属性的空间，得以以丰富的层次来呈现。

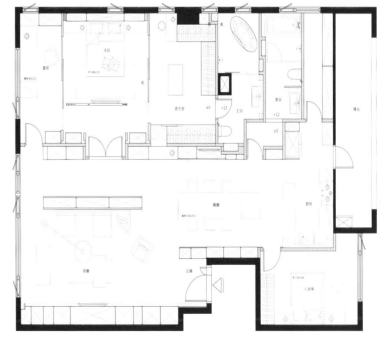

平面图

流年花开淡墨痕

The Ink Marks

主案设计：程明 / 设计公司：温州金石建设
项目面积：180平方米

■ 空间色彩和陈设简明淡然。
■ 对比色和谐，设计简约、大方、成熟。

本案处于建筑顶楼，光线充沛，使用黛绿和米色能让人感受到亲和、温暖和放松。点一炷香，淡淡的香味，淡淡的水墨画，淡淡的心情，淡是一种心态，一种风格，也是一种生活方式。

"高淡清虚即是家，何须须占好烟霞。"一个没有浓妆艳抹的家，岁月流逝，质朴、清淡方显其耐读的本质。将白天里常用的起居空间布置在南向，可以享受到更多的阳光，另外，动、静线路分明将干扰降到最低。在暖色的整体环境中，立面上运用两块孔雀绿色墙板打破沉闷，使空间鲜活起来。

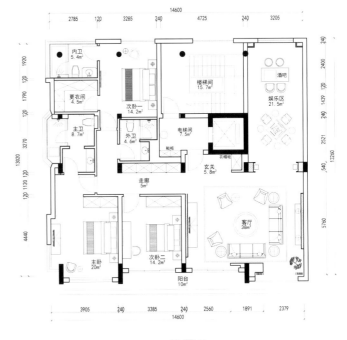

平面图

隐于山下

Hidden under the Mountain

主案设计：王峰
项目面积：165平方米

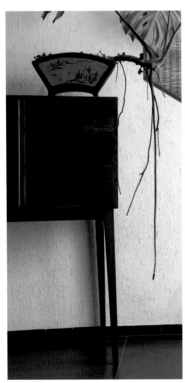

- 空间里错层走廊与客厅间立屏风，让公共厅更显规整。
- 运用自土、巾、砖、石等自然元素，让设计回归自然。
- 现代设计、中式元素、古典家具等元素融合。

　　隐，即是消隐、隐藏、隐居。设计师想要表达的主题是：远离现代城市的嘈杂和喧嚣，为自己的心灵在嘈杂的环境中寻找一份宁静。

　　闲逸潇洒的生活不一定要到林泉野径去才能体会得到，更高层次的隐逸生活是在都市繁华之中的心灵净土。打开家门，一抹绿色映入画面，高窗、竹帘、微风徐徐，吹动心弦的幽静。地面枯山水的造景以及充满生命力的龟背竹的根茎，犹如深深植入土壤中。走进房间的一瞬间便体会曲径通幽，别有洞天。厨房区域拆除了原有墙体，并采用夹绢玻璃增加客、餐、厨的开敞的视觉享受。三个区域空间相对单独，做到收，又互相连接，做到放，收放之间，让视野不断变换。

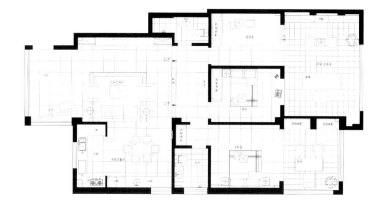

平面图

淡然悠远

Peace

主案设计：黎广浓
项目面积：530平方米

■ 客厅整体以深色为主色调。

■ 淡雅空间以现代主义手法诠释，注入中式风雅意境。

■ 空间散发淡然悠远的人文气韵。

　　以我们对传统文化深刻的理解来展开全新的创意与分享，来书写精致生活与文化韵味，期待能够牵起其对人文生活的真实感动。

　　玄关墙面大片的自然质感凹凸石面，立体感观，配以中式案台及宫灯，以及实木条制作的壁式鞋柜，光影交错，富有韵味；餐厅线条简洁，格调高雅，侧墙配以抽象装饰面，与远端深色的实木凹凸墙面形成视觉上的冲击，开放式的厨房设施整齐化一。空间动静相宜，轻掀墙面薄帘，美景尽收眼底，书房清雅，静心凝神，极简中式的家具，稳重大方，灯光强弱相宜，享受宁静致远的心境。恬静淡雅的空间以现代主义手法诠释，带我们进入中式的风雅意境，空间散发淡然悠远的人文气韵，简约优美的家具搭配，适应现代人对生活品质的追求。

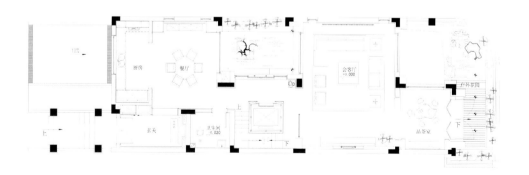

一层平面图

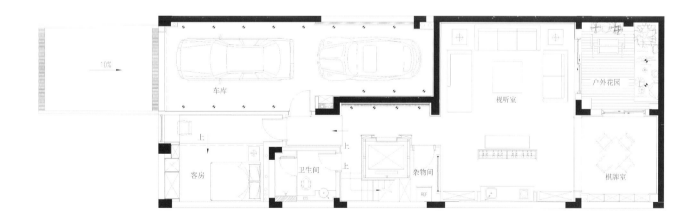

车库

10%

客房 卫生间 杂物间

视听室 户外花园

棋牌室

上 上 上

REF

二层平面图

书香致远
Literary Family

主案设计：郑杨辉
项目面积：360平方米

■ 采用不同色阶的黑白灰，调和出一个极简的时尚空间。
■ 用陶瓷艺术品、绿植给空间"填空"，打造空灵的环境。
■ 大面积的实市铺陈，给人舒适温馨的审美体验。

　　家是人们赖以生存和活动的最重要的空间环境，无论是高楼别墅，还是小小平房，或多或少都会带着主人的气质和品味。设计师在充分了解业主需求的基础上，精心调配出妥适的格局。净白空间里，由"书"这一元素延伸出的各种造型、手法，营造出灵气盎然的人文意境。

　　客厅的设计充分应用了"书"元素这一有意味、有内涵的形式。客厅的地板通过光面与哑光面瓷砖的结合来形成一种独特的视觉效果，设计师特意将其切割成不同大小的"书脊"形状，跟墙面形成一体式的造型，而且与"书盒"外观的厨卫连体空间形成呼应，给人浑然一体的构图美感。书架也是采用异形拼贴手法，富有动感。

　　餐厅的吊顶被设计师有意"拔高"，使空间更通透，古朴谐趣的壁画默默倾诉着"家和""有余"的中华情结。餐厅旁边的玻璃推拉门既可以隔离油烟，又放大了空间的视野。另外，设计师还从传统水墨画艺术中汲取灵感，对客餐厅空间进行虚实结合、张弛有度且富有层次感的分隔，通过其独特的艺术形象和文化性，将更多的信息附加于空间界面之上。

　　卧室采用不同色阶的黑白灰，调和出一个极简的时尚空间，大面积的实木铺陈，给人舒适温馨的审美体验。

沉稳气韵
Artistic Conception

主案设计：陈新
项目面积：300平方米

- 客厅简约、大气、沉稳，卧室矜贵、高雅。
- 棕色的太师椅、胡桃市的窗棂。
- 古色古香的摆设带来文化意蕴相搭配。

　　气韵是通过人们对自然生气的感受，在此转换为对艺术作品的执着追求，室内的器物与摆设的造型和纹饰，表现出的力度、动感、节奏，符合表达的主题。本例正是通过这些细节，将中国文化特有的意蕴、气韵融于其中，使之流转生辉，散发着东方文化含蓄、沉着的气质。

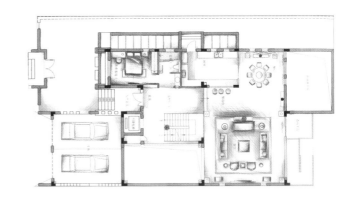

一层平面图

传统的中式风格是本案的设计重点，整个设计疏密有致，空间的装饰风格以沉稳持重为主，在把握空间内在气质的同时将文化的意味化为装饰语言，通过各种材质表现到作品中。客厅主背景墙的大面积砂岩雕饰面与白色的墙面，藏光部分会带来通透舒适的心境。客厅中的家具是古代与现代相结合，包括天花上的吊灯，虽简约大方，但仍然处处蕴涵着传统文化元素。

厨房和餐厅，形分神连，功能区的划分既完整又主次分明。整套空间在材质的运用上不拘一格，却遵循着统一的设计意蕴，空间的手法意到笔止，流淌着一股内在的气韵，人居环境与精神结合，使空间文化境界为之升华。

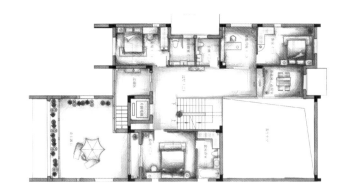

二层平面图

三层平面图

清雅端庄
Elegant Grace

主案设计：刘洋
项目面积：400平方米

■ 风格端庄丰华，自成大气之家。
■ 以传统中式结合现代生活需求，更加符合实际生活
　需要。

　　本案为现代人的居住别墅，通过对传统文化的认识，将现代需求和传统元素结合在一起，以现代人的审美需求来打造富有传统韵味的事物，让传统艺术在当今社会得到合适的体现，表达对清雅含蓄、端庄丰华的东方式精神境界的追求。这更加契合业主自身的生活理念，充分体现了业主生活的舒适度以及精神享受。

　　案例保留了具有中式特色的天井、庭院，又加入现代生活所需的影音室、休闲间，从风格与功能上更加完美地诠释了中式的魅力。以较多的木质材质修饰环境，辅以硬包，软装上加以富含中式元素的墙纸、窗帘，与具有蕴含古典中式风格的实木家具承接，更显清雅端庄。

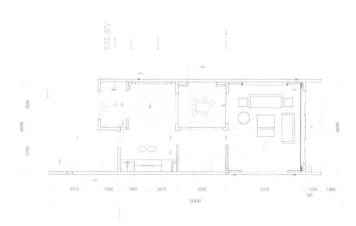

一层平面图

绿意宅院
Green House

主案设计：查波
项目面积：700平方米

- 大面积的落地窗，空间层层有阳台，保证良好通风。
- 充分利用自然界早晚和四季光线的微妙变化，用人造光线的设计来营造空间的氛围。

　　不同于满是瓷砖大理石构成的"土""豪"宅，这一宅院以"线天"的形式呼应了人与环境的脉络，设计师将有限土地的深度为住宅规划面宽设计，创造了一个连接周边新旧建筑与海景三位一体的"虚室空中侧庭"场所，它符合了人们对乡村海边新生活的种种向往，更保留了传统巷弄住宅迷人的天际线景观。

　　建筑的基地狭长，且是斜坡，四周皆是传统中国农村的典型性自建房，任何有明显风格的建筑都会在这里显得突兀不和谐。白墙、黑瓦、灰隔断在设计师的处理下，比例尺度、颜色对比都显得安静和谐。利用斜坡下方处理成车库入口，上方是朝南的入口，小院面积二十平方米，入口是下沉式水池，布置了荷花和锦鲤，一边还有红枫和绿地。整体环境风格上，做到了层层有阳台和绿树，层层阳台可以相互互动对话。

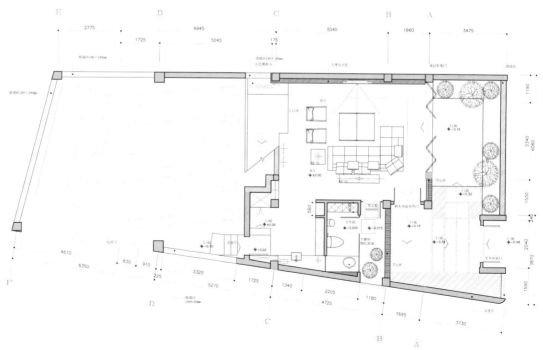

平面图

于舍
Yu House

主案设计：许建国 / 设计公司：合肥许建国建筑室内装饰设计有限公司
项目面积：480平方米

- 现代与原始的冲突对立，又如此融合。
- 选用市质材料，表达朴素之美。
- 电梯口的按键设计，采用原市柱，突出表现对自然魂的追随，灵性的阐述。

本案以"返璞归真"为主题，一路慢行，走进舒坦平和的家居空间，处处留芳，充满人文情怀、朴素诗意。海子说：我有一所房子，面朝大海，春暖花开。

当下的生活已在不经意之间被我们复杂化了，多余而繁盛的设计常常会掩盖生活本身的需要，凸显人的精神空无。所以，对于真正理解生活本质的现代人来说，更倡导内心与外物合一的返璞归真的美学主张。

设计师从地域环境、人物性格、东方之美出发，通过精细的考量和规划，采用大量的最优温度、最有感情的木质元素和天然材质，对门和窗的精心设计，力图打造出一个充满自然气息和人情味的空间。考虑到业主家人，从老人到小孩，所以在空间划分上也精雕细琢，一层公共空间，倡导人文情怀；二层是老人房及客房，注重功能的便捷；三层是主人房空间，注重一体化；四层女儿房则考虑到业主女儿的留学经历，融合法式风格，是中西的完美切合。

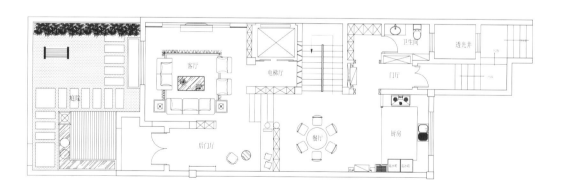

平面图

中式贵气
Traditional Chinese Style

主案设计：王本立 / 设计公司：河南西元绘空间设计有限公司
项目面积：500平方米

- 红木圆餐桌线条优美、雕工精致，头顶上中式的藻井天花，极尽皇家贵气。
- 利用自然落差，书房临窗设计流水小景，与窗外山景相映成趣。

本案是一个独栋别墅，业主喜欢收藏红木家具，他希望他的家可以让那些红木家具在这里相得益彰，和谐美好。红木家具虽然名贵，但是如果搭配不当，很容易落入俗套。本案利用中国传统木花格、中式藻井、条案、中国画等，重新提炼，结合现代生活方式，力求达到传统与现代的完美结合，使整个空间呈现雍容华贵、大气典雅。

入口玄关处，红木条案上放着一高一矮两个花瓶，一支干松枝笑迎宾主。步入客厅，首先映入眼帘的是4米多高的白色大理石电视背景墙，设计师运用大理石的自然纹理，拼成了一幅气势宏伟的山水画。客厅的四角由八根金丝楠圆柱连接天地，中心天花是红木雕刻的祥云图案，与红木沙发遥相呼应，方正的吊灯洒落下温暖的光芒，高贵尽显。主卧的一幅《富贵白头》花鸟画，寓意主人公恩爱天长，白头到老；而天花设计尽显设计师的人性化，其他区域尽可华贵优雅，而床的正上方却全部留白，没有压抑之感，仿佛是为了安放主人公安然无忧的中国梦。

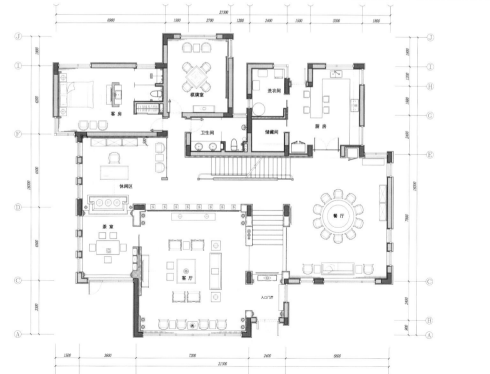

平面图

务本堂别墅

Wu Ben Tang

主案设计：黄伟虎
项目面积：340平方米

■ 在不改变原有建筑状态的基础上，让建筑发挥新的生命力。
■ 在保留原有中式风格的基础上，加强园林式的改造。
■ 完善原来没有的假山水景与回廊，运用现代手法来塑造古建筑。

　　务本在论语中即是孝敬父母之意，又为茫茫宇宙人生、宇道天理，而天理即本心、良知，五百多年前筑宅之主人以此为正厅名，充分体现了吾华夏悠久的历史文化底蕴和朴素的人文情怀。

　　"君子务本，本立而道生"务本堂别墅前生是苏州东山岛上残破的控制保护建筑，正厅"务本堂"更是已有五百多年历史的老宅。设计除了局部修缮外，整个改造成苏式园林的风格，由于古建繁琐厚重的形式往往会让人感到压抑和沉闷，所以设计尽量考虑保持园林风格的同时又符合现代人居住的喜好和审美感受，在筑山理水之间达到古典与现代相结合、内外相统一。古为今用、为人服务是这套别墅设计最根本的思想。在内部空间中注入现代的设计思维方式，以期达到古建筑与现代人居生活模式的一个平衡点。

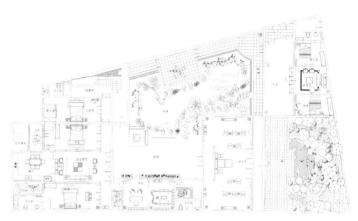

一层平面图

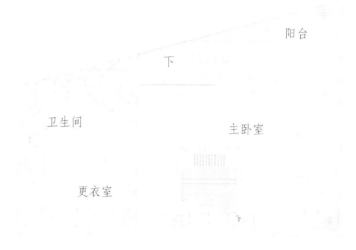

阳台

下

卫生间

主卧室

更衣室

二层平面图

东方的自然生活品味
Natural Life

主案设计：严海明
项目面积：400平方米

■ 部分制作保留大锯切割的自然锯痕。
■ 现代简洁手法搭配中式风格家具，充满韵味。

在当下中国，快速变化更新的时代，全球文化交杂大汇集，五千年的中国东方文化也大放异彩。在当今，回归追求贴近大自然的人居环境也将是人性的回归，东方文化更是来自大自然的提炼。本案大胆尝试把最原始的自然元素、东方古文化以现代简洁设计手法营造出一个充满东方文化氛围、自然、新鲜、闲趣、舒适、健康、令人惊叹的生活家居。

摆脱了中式风格惯有的"沉""稳""闷"；以"自然"打破精细、雕琢、修饰惯用的设计思路；设计师设计了部分独特的活动家具，起到点睛之笔的作用，使得更好营造了整个环境氛围。预留出占到了建筑面积三分之一的大空间景观阳台、景观大露台，使得居所与大自然亲密接触。三楼空间，隔墙上半部分采用了透明玻璃，使得大屋顶的空间结构完美保留。

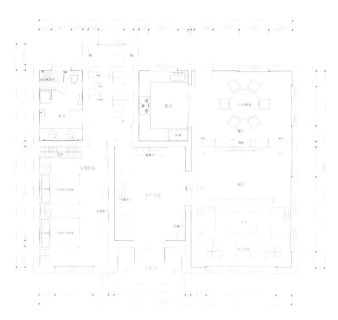

一层平面图

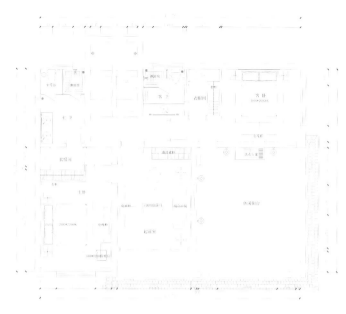

一层平面图

暖意阳光

Warm Sunshine

主案设计：魏晓瑶
项目面积：500平方米

■ 大面积运用暖色材料，使整个空间开阔明亮。

■ 通透的开放空间，以舒适时尚的设计手法表达清雅、充满
静谧柔和的美。

　　在纷繁复杂、光怪陆离的城市里，简单、淳朴的生活环境能让人感到宁静放松，从而在纷扰的现实中找到心灵的平衡。设计师正是在研究浮躁社会中怎么样创造一个给人放松心灵的空间。整体空间以暖色以及原木等自然色为主，简洁干练的线条，没有任何扎眼和哗众取宠的设计，整个空间低调富有质感，沉稳不失活力。把整个空间多余的墙体全部去掉，各个空间连成一体，大胆的创新让空间的纵深感达到极致。

　　住宅是生活的容器，居住在其中的人，畅畅快快的生活，是最需要关注的地方，当你选择了什么样的建筑或者居住模式，就等于选择了什么样的生活，这就是本案的初衷。

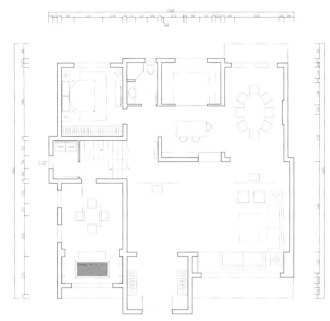

一层平面图

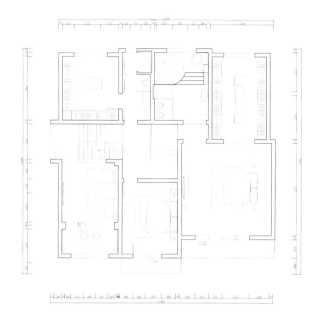

二层平面图

富村山居

Montain Villa

主案设计：吴宗宪
项目面积：331平方米

■ 墨色或浓或淡，画面或虚或实。
■ 极简画风生动复刻了富春江的风华，呈现宁静致远的情怀。
■ 屏风的造型运用古典窗棂线条，呈现花开富贵的意象。

　　"沿着江岸，山峦起伏迭宕，林木苍莽郁密，景象或幽远深邃，或清朗开阔"。这样的山水之美，在黄公望描绘的《富春山居图》中彻底表现出来，以万物静观，沉淀出悠远的生命情怀，一点一滴都入图画。

　　位于基隆山区的这间别墅，就以《富春山居图》为设计主题，设计师特地请画家将国宝的精粹，临摹在客、餐厅与主卧的墙面上，让屋主在家实现画作合璧的梦想，符合其两岸奔波的心境，为提供另一种精神向往。一进门，映入眼帘是中式古典且揉合现代感的公共空间，除了主墙画作展现层次之美，天花板更以日式庭园的枯山水的立体造型，来增添人文气韵。

　　此外，中式古典设计中，屏风与格栅的元素也相当多见。转入餐厅，立面与屏风围塑一贯风格，而除了延续美感之外。也贴心地为屋主加入机能设计，在餐厅的侧墙规划一座柜体，上方能吊挂宾客衣物，中段平台可放置包包等物品，下方则作为收纳之用，满足招待亲友聚会的需求与生活收纳之用。

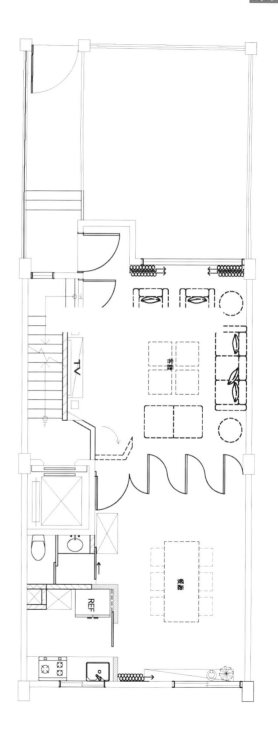

一层平面图

生命中美好的阶段

Beauty in Life

主案设计：叶雨琪
项目面积：258平方米

- 以白色为主基调，纯净朴实。
- 空间材料以木质为主，自然，清新。
- 开放式客厅，以电视墙为中心，空间开阔。

　　阳光洒落，微风吹起，透过大面落地窗，将室外自然与室内天然木质融为一体，营造自然纯净的居住氛围，疗愈居住者疲惫的身心，导入正面能量，以简单舒适的语汇温润生命中美好的阶段。

　　保留最朴实的态度，设计师采取大量木质与白色色调为基底，引入天然纯净的语汇。考察动线问题，设计师去除掉多余的格间，采取开放性布局，以电视墙为中心，将书房与客餐厅串联，使整体空间宽阔舒适，并将收纳功能巧妙带入。来到主卧室，床头背墙处使用宁和的灰色，搭配木地板的温润，除了基本收纳功能不添加繁杂的装饰，让私领域凝漫着最原始的纯净、悠闲的气息。整体空间以大量的白桦木钢刷木皮为主，搭配白色色调，营造自然纯净的居住氛围，在沙发背墙部分，加入些经过岁月洗涤的木质，注入另一番怀旧气息。

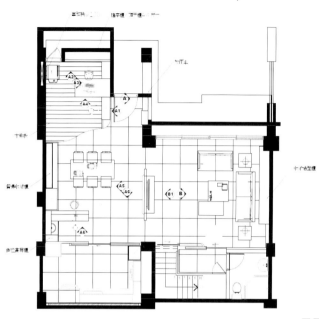

一层平面图

陌上居

House in the Field

主案设计：许长兵
项目面积：520平方米

■ 自然、素雅、质朴。
■ 色彩柔和，跳脱中式的生硬感。
■ 空间开敞，选材自然。

　　本案在惠安一个山谷中，看过现场与业主沟通之后，设计师脑中立即闪现出王维的一首诗：山中相送罢，日暮掩柴扉。春草年年绿，王孙归不归。

　　原始建筑在空间功能、比例上都不是很合理，需要全部重新调整。设计师在选材上以自然的木、石为主，尽可能地减少装饰，少即是美。整体营造了自然、素雅、质朴的氛围。

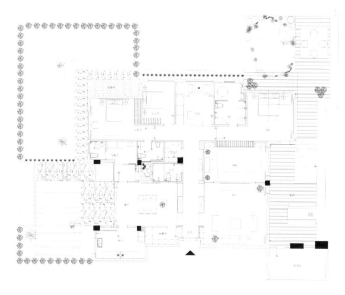

平面图